与中国院士对话

基因要去串门了

基因和遗传的秘密

贺林

海波　秦畅　编写

杨云霞　整理

华东师范大学出版社

上海

图书在版编目（CIP）数据

基因要去串门了：基因和遗传的秘密 / 贺林，海波，秦畅编写；
张启明图 . —上海：华东师范大学出版社，2017
（与中国院士对话）
ISBN 978-7-5675-6611-8

Ⅰ . ①基… Ⅱ . ①贺… ②海… ③秦… ④张… Ⅲ . ①遗传
学—少儿读物②基因—少儿读物 Ⅳ . ① Q3-49 ② Q343.1-49

中国版本图书馆 CIP 数据核字（2017）第 178077 号

与中国院士对话

基因要去串门了

基因和遗传的秘密

编　写	贺　林　海　波　秦　畅
整　理	杨云霞
绘　图	张启明
责任编辑	刘　佳
责任校对	时东明
装帧设计	崔　楚

出版发行　华东师范大学出版社
社　　址　上海市中山北路 3663 号　邮编 200062
网　　址　www.ecnupress.com.cn
电　　话　021-60821666　行政传真 021-62572105
客服电话　021-62865537　门市（邮购）电话 021-62869887
地　　址　上海市中山北路 3663 号华东师范大学校内先锋路口
网　　店　http://hdsdcbs.tmall.com

印 刷 者　杭州日报报业集团盛元印务有限公司
开　　本　787 毫米 × 1092 毫米　1/16
插　　页　2
印　　张　8.75
字　　数　57 千字
版　　次　2017 年 8 月第 1 版
印　　次　2023 年 3 月第 6 次
书　　号　ISBN 978-7-5675-6611-8/Q · 031
定　　价　38.00 元

出 版 人　王　焰

（如发现本版图书有印订质量问题，请寄回本社客服中心调换或电话 021-62865537 联系）

与中国院士对话

丛书编写委员会

褚君浩　龚惠兴　贺林　刘佳　刘经南　亓洪兴　钱旭红　秦畅
田汉民　王海波　武爱民　薛永祺　徐小科　闫蓉珊　杨雄里
杨云霞　叶叔华　朱愉　邹世昌
（按姓氏音序排）

写在前面

"海上畅谈"工作室的推出，是我们作为广播人的一个梦想。信息传播技术日新月异，新技术带来的传播方式的改变，给传统媒体如报纸、期刊、广播、电视等以超出想象的冲击。在互联网技术崛起、移动终端设备改变大众阅读习惯的时代，数家报刊无奈宣布停刊，多数传统媒体寻求转型。传统媒体会死吗？这是许多新闻人的疑问。广播这样一种历史悠久的、"古老的"、传统的媒体形态，在互联网技术的冲击下，非但没有消失，反而在动荡中异军突起，展现出活泼的生命力，这虽出乎世人的预料，但也在情理之中。今天，广播节目的丰富多彩，与广播人多年来的不懈奋斗是分不开的，广播人在一次次的新技术冲击中，始终抓住信息内容，以新技术带动节目内容的创新，主动求新求变，在技术裂变中寻找到了更多的机会。

新时代，面对如何"建设具有全球影响力的科技创新中心"的战略要求，媒体人该如何做？如何为营造"大众创业、万

贺林院士在节目现场

众创新"的社会氛围尽一份责？媒体能否在形式、内容的传播方法和手段上实现"自我创新"？让支持创新、宽容失败的理念"随风潜入夜"？"海上畅谈"节目试图回答这些问题。

基于此，我们独家策划了"创新之问·小学生对话中国院士"系列广播节目，试图为上海科创中心建设培育创新沃土。这档节目的初衷，是想请中国院士来和小学生一起畅谈当前有趣的科普话题。我们认为，小学阶段的孩子，有旺盛的好奇心和求知欲，他们的念头千奇百怪，他们的问题独特刁钻，那么让在学术领域已成大家的院士们和童言无忌的小学生进行科学启蒙式的对话，会不会出现无法预料的惊喜呢？

有了这样的想法，我们尝试着请中国院士来为小学生进行科普，出乎意料地顺利，院士们纷纷表示支持，这一节目得以顺利完成。就节目谈话内容来说，大院士们给小朋友谈的并不是特别尖端前沿的科学，而是更偏向于基础的工程学，偏向于如何用科学探索去引领技术突破，继而带动产业升级，最终服务全人类。不积跬步，无以至千里，科学探索的道路漫长而艰辛。院士们以自身的成长经历为例，为孩子讲自身"学"的故事，引导他们去养成一种"思"的习惯。

贺林院士

院士为孩子们讲的科学知识，不光是理论研究的内容，而且还结合我国现有的产业现状，让孩子们能切实感受到产业现状，了解专业学科的背景知识，启蒙他们的职业意识，让孩子们知道科技强国的梦想务必得立足实际。

近90高龄的知名天文专家叶叔华院士代表科学界首次宣布了我国参与世界探索太空的巨型望远镜计划。"海上畅谈"率全国之先，成为最先披露此消息的节目。钱旭红院士讲述了自己小时候动手拆闹钟的故事，让孩子们对勤动手勤动脑有了更贴切的体会。邹世昌院士在现场严肃认真的模样，让孩子们感受到科学家老爷爷的气场。贺林院士讲述遗传基因的现场十分热闹，他和孩子们讨论双胞胎为啥那么像这个话题时乐翻全场。一场场妙趣横生、充满智慧的对话，打造了一场场听觉盛宴！院士们不拘泥于传统科普刻板的知识灌输，充分展现了个人魅力，拉近了对话者之间的距离。对话中，孩子们大胆向院士们抛出一系列童言无忌、天马行空的问题，院士们耐心接招，甚至坦言"不知道"，并以此激励孩子们自己去想，去探索。听者不仅惊讶于现在小学生的知识面，也为院士们呵护每一个孩子至为珍贵的探索精神而感动。

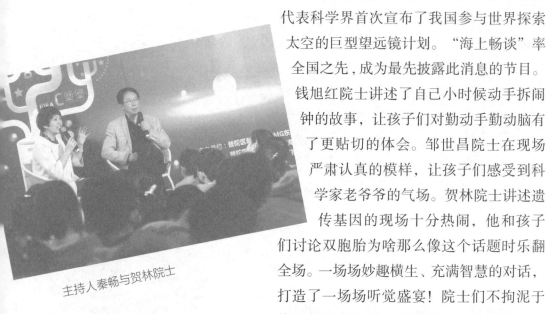

主持人秦畅与贺林院士

当然，不光是小学生，还有初中生，他们也对科普知识十分渴求。

这样生动的对话在节目结束后我们依然不能忘怀，我们希望有更多的孩子能听到院士们的话。于是有了我们这套"与中国院士对话"丛书。在各位参与院士的支持下，我们将节目谈话的知识内容加以系统化地扩展，以文字的形式配上插图，更清晰更形象地展示学科领域的基础知识。在知识内容编写的过程中，一群年轻的、奋斗在各科研领域一线的博士们加入到编写队伍中，他们梳理了谈话涉及的领域知识，补充了相关的专业内容，让这套丛书的科学性更立体、知识性更充实。本套丛书的插图选自"视觉中国"、"富昱特"等专业图库，力求图文并茂地为孩子们展现知识内容。

杨雄里院士在节目中说道："科学就是跟新的东西打交道，要不断地创新。"我们把这套丛书献给孩子们，希望他们在成长的道路上能探索一个又一个的秘密，并以此为乐。

"海上畅谈"节目

2017 年 2 月 26 日

小学生

VS

大院士

贺林院士

海波

秦畅

我们是学生

目录

/017

找找相似和不同

　　基因有着奇妙的遗传性。我们每个人长得像谁，我们每个人有什么特征，甚至我们每个人有什么特别的性格，这些是不是能在自己的家族里找到相似性呢？

　　小朋友，回去和自己的父母比一比，找找相似和不同吧！

/043

基因的遗传密码

　　生命体有自身神奇的特征。我们研究一下自己和自己的父母，就会发现，有的父母身上的特征，会在我们身上得到体现，但体现得并不完全。这些生命的特征是怎样通过基因遗传密码体现的？又有什么特点呢？

/093

基因能否与宇宙对话

　　我们是地球的一分子，我们同样是宇宙的一分子，我们在这个地球上是和宇宙融为一体的。我们人体处在这个封闭的开放系统不断地与周围环境进行交流，这就构成了基因与宇宙的交流。

成功
没有捷径

成功从来没有捷径，遗传生物学家贺林讲述自己小时候的故事。贺林院士认为自己从不设立目标，但要看准方向，这之后则是要踏踏实实地一步一个脚印沿着正确的方向走下去，沿途将会很自然地收获大大小小的各类果实。

同学们，你们好。我是海波。我们这套"与中国院士对话"丛书，是特意为你们准备的。我们邀请了在科研领域奋斗的大科学家来给你们讲讲他们的成长故事，给你们讲讲你们最想知道的科学知识。这些大科学的成长故事，既有趣又能激励你们早早立志，没准儿，你们中间的谁，以后也能成为大科学家呢。

 海波

秦畅

我是秦畅，坐在我旁边的就是今天要和同学们对话的贺林院士。你们知道他研究的是什么吗？

知道！他是中国院士，他是遗传生物学家，他是研究基因的专家。

学生

贺林

贺林，中国科学院院士，著名的遗传生物学家，他领导建立了世界上规模最大的精神神经疾病样品库。有一次，他为了采集样本，作为唯一的驾车者前往甘肃，由于太过疲劳，险些连人带车翻下山体，就是这样的勇敢，让贺林伯伯最终揭开了一则遗传界的百年之谜和发现了第一例以中国人姓氏命名的遗传病，成为名副其实的遗传密码翻译家。

上海交通大学徐家汇校区 Bio-X 研究院
（图片由 Bio-X 研究院提供）

今天看到这么多小同学，我很感慨。我刚才一直在想，在你们这个年龄，我在做什么？我跟大家交流一下。

我小时候是个天真的小孩，成天都过得很愉快，很高兴。我最大的不高兴是来自身体的问题，什么问题呢？我当年像你们这个年龄的时候，很容易哮喘，一发哮喘，就要到医院去做治疗，也就没有办法去上学，功课跟着落了下来。不过庆幸的是，我的功课虽落下不少，但分数成绩还说得过去。但是在小学毕业后却不幸失去了上中学的机会。因为从那个时候"文革"开始了。不知大家听说过没有？

秦畅：

那时就不用上学了，对吗？

贺林：

对，那段时期主要在家里和社会上晃荡。

海波：

小学经常生病，中学在家和社会上晃荡。最后怎么当上中国科学院院士的呢？真的很好奇！

贺林：

我也没想到！

1977 年，我国恢复高考。此幅照片记录了当年 12 月 7、8、9 日三天中，北京某一考点的场景。（图片来源：视觉中国）

我那个时候没有学可上，在家和社会上晃荡好几年以后，遇上了一个复课学习的机会。1969 至 1970 年期间有机会有半年多时间的复课，但实际上这个象征性的复课是学工学农。什么叫学工学农，就是学习工厂里使用的技术，学习种地。我不但学会了织布技术，还学会了开手扶拖拉机和大田部分的工作。匆匆晃过"中学"的日子后，进了工厂，这一进就是 8 年。

几乎错过了整个的中学学习机会，再加上几年的晃荡生活，我将如何与积压了 12 年的中学生竞争考大学呢？这张大学入门卷我将如何对付呢？现在想起这个事情，还真是有些后怕，有些耐人寻味。当时，我有一个朋友，是我的球友。什么球友呢？是打乒乓球的球友。由于"文革"，他当时大学没毕业，就被提前分配到了同一工厂。由于他和我一样爱打乒乓球，所以，我们常在一起打球并建立了友谊。后来邓小平的复出为大家带来了全国恢复高考的机会。可以说这是差不多隔了 12 年后的第一次高考，报考的人太多了，可说是高考史上的最强烈竞争。我在球友的帮助下，最终如愿以偿，于 1978 年从百里挑一的竞争中脱颖而出。

　　我那个球友好歹积累了坚实的中学功底，给我了许多帮助。对我而言，由于中学的空缺，只有从头进行学习，而根本谈不上系统复习！在这样严峻的形势下怎么办呢？有个大绝招——押题！球友就帮着我像押宝一样押题。"这个题你要想办法记住，那个题你要想办法记住"，其实我囫囵吞枣，由于知识欠得太多，当时根本没有可能真正读懂和记住它。

贺林院士为孩子们讲述自己成长的故事

我当时只能靠死记硬背，但这样说其实不准确，因为我想死记硬背都背不住，有几个人能把数理化内容背下来呢？因此，好多题压根不理解！同学们，你们现在可不能用这个办法，这样的机会也不再会降临到你们身上。当然，当时对我来说，结果还算好，囫囵吞枣也还是咽下去了，味道也能尝到一点。在座的同学们，不知你们中有多少人能够知道我这种感受？在当时要顶住三班倒和超高强度的学习。这样过关斩将取得一张席位，那个时候我已经25岁了。

秦畅

25 岁才上大学。

对，8 年的工厂工作，确实浪费了很多时间，但也学到了很多在学校里学不到的知识。

贺林

我们在座的小学生听了贺伯伯的故事，会不会这样想：我小学也不用怎么学了，中学也不用怎么学了，像贺伯伯一样，到时候找一个好的球友辅导我，然后就直接考上大学了？

秦畅

最后说不定我还能当院士呢。

海波

秦畅

会这样吗?

你们觉得有可能吗?

贺林

学生

不可能!

不设立目标，但要看准方向，一步一个脚印地走下去，走到哪算哪。只有这样才更有可能取得意想不到的成果，并且，不会为目标达不到而沮丧。——贺林院士寄语青年人同学们既然对我高考这段历史颇有兴趣，那我就说上几句。

没错，其实我现在回想起来，考大学就像做一场梦那样容易，但又如跨越冰川那么艰难。由于中学的基本空缺和艰苦的工作条件，我要想顺利完成高考准备就必须找到合适的对策，我当时的对策是寻求智慧与勤奋。在上夜班的时候整晚不能睡觉，感觉就像脚踩在棉花上，头重脚轻。即使这样，也得坚持"玩命"地学习，努力为考试准备，因为这样的竞争犹如过独木桥，要冒着风险走过每一步。我从最后总共花去的时间计算，能考上大学真像是开了一场玩笑。但从用去的付出来衡量，更像是从我身上脱了"一层皮"，当然结果还算不错。

因此，成功其实是没有捷径的，尽管奋斗中缺少不了才智，但靠投机取巧不会有最终的成果。当然朋友的作用也是少不了的。

找找
相似和不同

我们每个人都能在自己的
家族里找到相似性吗?
图片来源: 富昱特

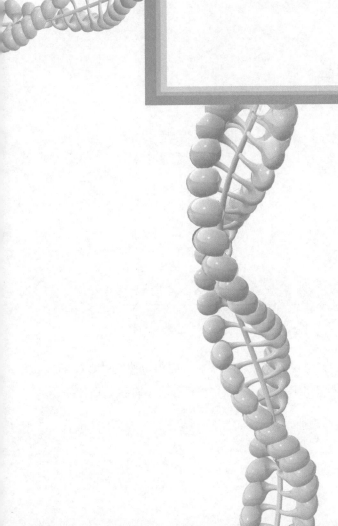

基因有着奇妙的遗传性。我们每个人长得像谁，我们每个人有什么特征，甚至我们每个人有什么特别的性格，这些是不是能在自己的家族里找到相似性呢？

问题思考

每个人长得像什么样子?

每个人有什么特征?

每个人的独特性怎么反映?

小提示

　　在阅读本章内容时,同学们可以先思考一下这些问题。这些问题在你读完本章后,是否能回答。如果读完本章后,你对这些问题还有兴趣的话,还可以上网查询相关知识。

海波：

你们知道吗？贺林院士的爸爸也是院士。

贺林：

正好谈到这个话题，顺便告诉大学，我的女儿也非常幸运地考上了剑桥大学。

海波：

这可以用贺伯伯家族有"学习好"的基因来解释吗？

贺林：

从读书角度讲，还真有可能有"读书"基因起作用。当然是哪一类遗传基因的作用，目前还很难下结论。

基因带来了相似性

基因有它特殊的遗传性。咱们每个人长得像什么样子？每个人又有什么特征，有什么特别的性格，你们回家比对一下自己的父母，多多少少会发现有很接近和很类似的一面。

我们可能会发现有些常见的现象，比如妈妈眼睛大，爸爸眼睛也大，那孩子眼睛大的可能性会很大。还有刚才有个同学说，他爸爸妈妈是近视眼，他也是近视眼。另有个同学说，她看了她妈妈在她这个年龄的照片，觉得

一对漂亮的母女。妈妈眼睛大，女儿眼睛也大。
（图片来源: 视觉中国）

自己和那个时候的妈妈一模一样。这些情况，我们都觉得不奇怪。为什么会有这种情况出现呢？

我们说的基因，是指人体内的遗传因子，它是具有遗传效应的DNA片段。这符合我们人类的情况。当你还是个受精卵的时候，或者说你还躺在妈妈肚子里的时候，你将会长出什么样的鼻子、嘴巴、头发、手指甚至指甲等等这些外貌特征，我们生物学家将其称为性状，这些都是在

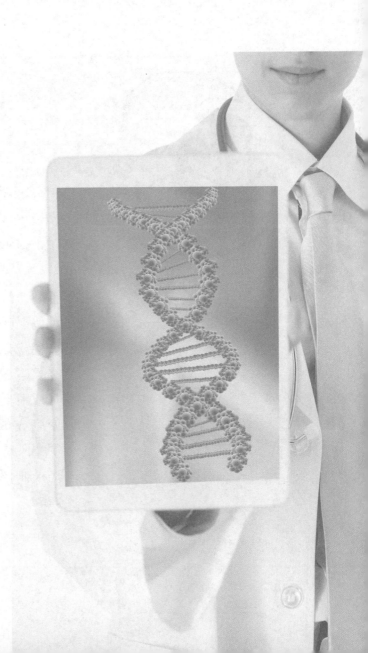

DNA的双螺旋结构示意图。
（图片来源：富昱特）

基因的指导下发育完成的。

当然发育的过程，除了受基因影响，其他的外部条件也要影响它。所以，怀孕期的准妈妈，她们还需要补充营养，帮助胎儿更好地成长。我们出生后，继续受基因的指导而成长发育。

那外部条件重不重要呢？仍然相当重要。比如，你的爸爸妈妈都是高个子，从基因角度来说，你应该具有长高的遗传优势，但假如你不好好吃饭，营养跟不上，你的个子可能也不会太高，这种在生长发育过程中，受后天因素影响的例子也是很多的。所以，想长高和想变美的同学，一定要记得别挑食，多补充营养，让你的基因更好地发挥优势！

刚才有同学还说了，他妈妈是慢性子，他也是慢性子。有个同学说，他妈妈脾气倔，他自己脾气也倔。同学们就会问了，性格会不会遗传？性格是不是受遗传基因的影响？性格的形成跟个人成长环境有多大的关系？家庭成员对性格的影响情况又有多少？但是基因起到多大的作用，目前还很难下结论。

学生：

我觉得我的大拇指指纹跟我妈妈相近，但不一样。

贺林：

你这个表达比较清楚，比较准确。

学生：

我在书上看到说，每 600 亿个人里面才会有两个人的指纹是完全一样的。

秦畅：

真的吗？

基因具有
独特性

这个同学的表述基本是正确的。这个世界上你要找出两个指纹一样的人，这个概率是很低很低的。1892 年，英国科学家弗朗西斯·高尔顿在其专著《指纹》一书中提出："在 640 亿人中才能找到一对特征完全相同的指纹。"不过，这个观点至今没有得到科学论证。现在，我们地球上的人口大约有 70 亿左右，我们确实还没有看到两个人指纹完全一样的例子，至少证明这一事件发生的概率非常之低。

不过，这位同学提到了指纹的独特性，我们看很多电视剧有这样的情节，警察根据指纹找到了犯罪嫌疑人。事实上，指纹是具有基因独特性的，可以用来进行个体识别。

我们在生物学上进行个体识别时，还用到"DNA 指纹"。同学们，你们知道"DNA 指纹"吗？

DNA 检测助力破案

前段时间，许多新闻媒体都报道了甘肃省白银市的连环杀人案终告破。从报道可知，在 1988 年到 2002 年的 14 年间，凶残的犯罪分子先后残杀了 11 人。由于犯罪分子十分狡猾，现场留下的线索非常少，警方多年来都没能破案。不过，刑侦人员一直没有放弃努力，他们仔细收集研究犯罪分子在作案现场留下的线索，特别强调利用新科技手段对收集来的生物物证进行科学分析。警方通过染色体 Y–DNA 检验，发现了城河村高氏家族有作案嫌疑，就挨个录入指纹，比对指纹和 DNA，最终确认了犯罪分子。在这个案件的侦破中，基因鉴定技术起到至关重要的作用。

普通指纹

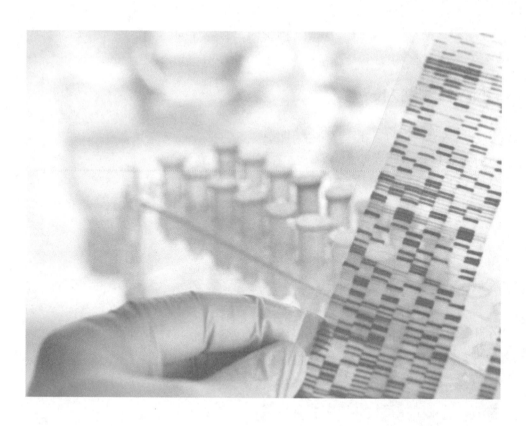

科学家正在研究一张 DNA 片子。
（图片来源：视觉中国）

DNA 指纹可由测序胶上一系列条纹呈现出来，很像商品上的条形码，它具有高度的个体特异性。它在个体识别能力上与手指指纹相媲美，因而得名。但与手指指纹不同的是，DNA指纹无法改变或抹去，我们只需要取一滴血或是一根头发就可以对一个人的 DNA 指纹进行鉴定。在生物学上，我们可用 DNA 指纹来进行个体识别。

秦畅：

来,让我们的小学生跟我们讲讲,你们觉得你们身上有跟爸爸妈妈特别像的地方吗?

学生：

我的眼睛跟妈妈像,妈妈眼睛小,我的眼睛也小。

学生：

我是和我妈妈比较像,我的眼睛和我妈妈长得很像,鼻子和我妈妈一样挺,再就是小拇指和妈妈长得也很像。

秦畅

小拇指有什么像不像的?

学生：

我爸爸的小拇指上下一样粗细,而我和我妈妈的是下面粗,上面细。

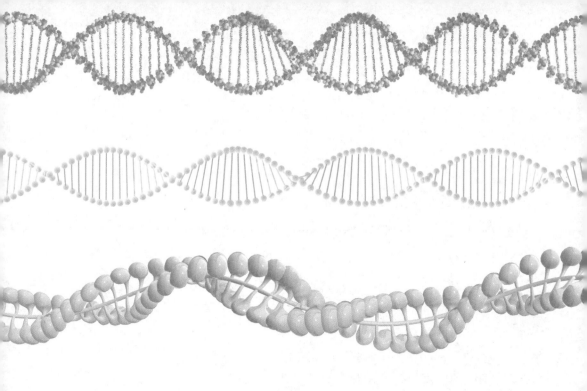

遗传基因的基础知识

前面这一小段对话，其实已经反映出关于遗传的有趣现象。孩子和父母之间总是有许多的相似和不同。要理解遗传的特点，我们有必要先理解关于基因的一些基础知识。

DNA 的组成和结构

  我们的遗传信息储存在DNA中，我们要先认识一下决定遗传基因的DNA。DNA 也称为脱氧核糖核酸，其基本组成单位是脱氧核糖核苷酸，是由一分子磷酸，一分子五碳糖和一分子含氮（N）碱基组成。

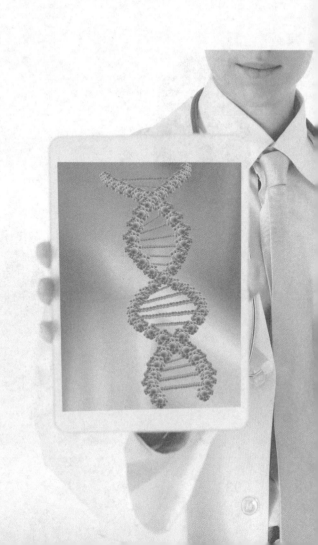

DNA(脱氧核糖核酸)示意图

DNA 的双螺旋结构
（图片来源：富昱特）

DNA 复制

DNA 结构的破解，对 DNA 的复制提供了依据。那么，什么时候 DNA 要复制呢？就是一个细胞要进行分裂产生两个新子代细胞的时候。简单地说，DNA 复制是半保留复制的形式。DNA 复制先要解开双链 DNA，将原来两条链分别作为模板，新合成的链就是按照这个模板再利用相同的底物合成。如下图所示：

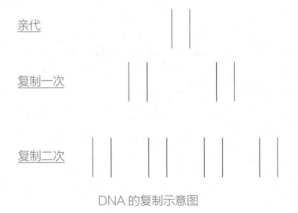

DNA 的复制示意图

DNA 的遗传密码

我们的遗传信息贮存在 DNA 中，DNA 被复制传给子代细胞，或由 DNA 序列先转录为 RNA，再指导着蛋白质的合成。这就是遗传学的中心法则。

复制 DNA —转录→ RNA —翻译→ 蛋白质

遗传学中心法则示意图

遗传学中心法则是由克里克（Crick, F.H.C.）1958 年在《论蛋白质合成》一文中提出的[①]。

随着分子生物学的发展，这个中心法则是否具有包容性，会不会受到挑战呢？所以说，科学之路有时候是艰难的，充满痛苦，但是它有时也是非常有趣的，充满了想象。只有全身心投入其中，才会感悟到其中的愉悦。

DNA 突变

DNA 在复制的时候，也会出现差错，可能会插入、缺失一个或一段碱基，也可能是碱基位置的更换。这些最终都造成了 DNA 序列的改变，也就改变了遗传信息。

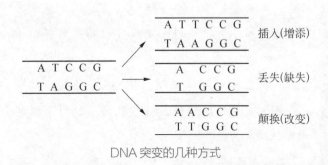

DNA 突变的几种方式

---

① 莫树乔.谈谈遗传学中心法则［J］.玉林师专学报（自然科学），1997，vol.18（3）：93.

发现 DNA 的故事

美国科学家沃森与英国科学家克里克、威尔金斯因研究 DNA 双螺旋结构模型的成果，分享了 1962 年的诺贝尔生理学或医学奖。

2006 年，沃森（James Watson）博士访问了贺林伯伯的研究院，发表了题为"双螺旋：科学、文化和人生"的主旨演讲，并和上海交大的学子进行了对话。

DNA 双螺旋结构的提出，是遗传学史上最激动人心的时刻。1950 年代开始，分子生物学飞速发展，对遗传的研究深入到分子层面。DNA 的双螺旋结构的发现，可以说打开了"生命之谜"的大门，让人们清楚地了解遗传信息的构成和传递的途径。也正是从 1950 年代开始，分子遗传学、分子免疫学、细胞生物学等学科蓬勃发展，为科学及新技术的应用开辟了广阔的道路。

那么，到底是谁提出了 DNA 的双螺旋结构呢？从文献报道中，我们倾向于这样来描述 DNA 发现的故事。

英国的女科学家罗莎琳德·富兰克林曾前往法国学习 X 射线衍射技术，在物理化学领域颇有收获。1951 年，富兰克林受聘到伦敦大学国王学院工作，她工作的部门是由著名物理学家兰道尔主持的。在这里，兰道尔指派她参与 DNA 化学结构的研究。

沃森博士在上海交通大学演讲（贺林主持）
（图片来源：BIO-X 研究院）

贺林领着沃森等前往华东医院看望
正在养身的谈家桢先生

当然，这一研究并不只有她一个人参与，团队中，后来获得诺贝尔奖的威尔金斯此前已经从事该项研究好一段时间了，富兰克林作为一名后参与者，而且是一位女性，并没有得到团队成员的平等对待，威尔金斯对她的态度甚至是排斥的。但富兰克林有非常高超的拍摄晶体的 X 射线衍射照片的技术，威尔金斯虽然不喜欢她介入这个研究领域，但也很看重她的拍摄技术。1951 年 11 月，她与威尔金斯的学生葛斯林一起，获得了一张 B 型 DNA 的 X 射线晶体衍射照片——"照片 51 号"。

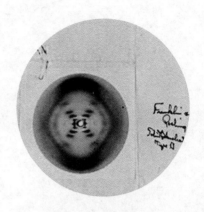

照片 51 号
（图片来源：百度图片）

X 射线衍射照片有什么作用呢？当时的物理学家借助这样的照片来分析晶体的结构。因为当 X 射线穿过晶体后，会形成一种明暗交替的衍射图形，不同结构的晶体产生的图形自然是不同的，科学家以此推测晶体的原子排列结构。富兰克林在得到这张照片后并没有立刻发表研究成果，这也导致后面"DNA 螺旋结构提出者到底有谁"这一认定出现了争议。

除了伦敦国王学院，它的竞争对手之一剑桥大学的卡文迪许实验室也有一批科学家在研究 DNA。那个时候的伦敦，学术氛围非常活跃，诸多年轻的富有创新精神的科学家经常聚在一起，海阔天空谈天说地，自由发表见解，甚至展开辩论，批评当时的权威说法。沃森和克里克那时正好在卡文迪许实验室研究DNA结构，他们结识了可以说是竞争对手的威尔金斯，这也是一件十分有意思的事情。

当时学术界对于DNA的研究处于什么程度呢？科学家们都猜测DNA可能是遗传物质，但它的结构是什么，它如何在生命活动中发挥作用，还并不清楚。当时，关于DNA的结构还有三股螺旋的假设，但是谁也不知道DNA的真实结构是什么。

1953年2月，沃森和克里克通过威尔金斯看到了那张富兰克林拍的51号照片，这一眼激发了他们的灵感，令他们焦虑数月的DNA结构在脑海中跃然而出——两条以磷酸为骨架的链相互缠绕形成了双螺旋结构，氢键把它们连结在一起。1953年5月25日，他们在英国《自然》杂志宣告了DNA分子双螺旋结构的发现。这是生物学上的一座里程碑，分子生物学时代的开端，其重要性怎样评价都不过分。

非常遗憾的是，富兰克林并不知晓这一切。作为女性科学家，在当时，她并没有进入男性科学家那样的研究圈子，也无法了解同行的研究进度。威尔金斯未经富兰克林许可，将照片给沃森和克里克看，而沃森和克里克同样未经她的许可使用了那张照片。富兰克林后来也在《自然》杂志上发表了一篇

罗莎琳德·富兰克林
（图片来源：百度图片）

证实 DNA 双螺旋结构的文章。

1962 年，沃森、克里克、威尔金斯分享诺贝尔奖时，富兰克林已经因病辞世，诺贝尔生理学或医学奖的史册上也就少了这位美丽的女科学家的名字。

数年后，沃森与克里克皆坦承，富兰克林的研究结果是建构双螺旋结构的必要线索。克里克在一篇纪念文章中说："富兰克林的贡献没有受到足够的肯定，她清楚地阐明两种型态的 DNA，并且定出 A 型 DNA 的密度、大小与对称性。"2003 年，伦敦大学国王学院将新大楼命名为"罗莎琳德—威尔金斯馆"，沃森在命名演讲中说道："罗莎琳德的贡献是我们能够有这项重大发现的关键。"①

这是一个曲折又充满遗憾的故事，如果富兰克林没有那么早离世，她是否会因此而获得诺贝尔奖呢？后人在这一点上提出的猜测和争论都难以改变事实，我们倒不妨去想想卡文迪许实验室的一句名言——"不要忘了思考啊"，也许这一句更能给年轻人启迪！

---

① 苏澈．记罗莎琳德·富兰克林：透过诺奖看见那美丽身影［N］．中国科学报，2014.7.4

延伸思考

读完这一章，同学们不妨从遗传和基因的角度来思考一下：我为什么成为我？我有什么独特性？

我们可以先来阅读下面这个有趣的故事，这个故事讲了道尔顿发现色盲基因的趣事。读完这则小故事后，再想想上面的问题，把你的所思所想写在后面的方框里吧。

约翰·道尔顿可能是第一个发现色盲基因的色盲症患者。他本身并非生物学家，而是英国著名的化学家和物理学家，是近代原子理论的奠基人，人们为纪念他，还将他的名字作为原子量的单位。

据说，年轻的道尔顿为了给妈妈

买一份生日礼物，特意在圣诞节前夕去百货公司挑了一双品质精良的袜子，他仔细观察了这双袜子，认为这是一双"棕灰色"的袜子。当他见到妈妈后，拿出这双特意挑选的袜子说："妈妈，这双袜子您穿上肯定满意。"妈妈看到袜子后，感到袜子的颜色过于鲜艳，就对道尔顿说："傻孩子，我怎么能穿这么鲜艳的袜子呢。"道尔顿觉得奇怪："这双棕灰色的袜子很适合您穿啊。""你买的这双樱桃红色的袜子，让我怎么穿呢？"妈妈说道。道尔顿感到非常奇怪，袜子明明是棕灰色的，为什么妈妈说是樱桃红色的呢？疑惑不解的道尔顿又去问弟弟和周围的人，除了弟弟与自己的看法相同以外，被

道尔顿像
（图片来源：百度图片）

问的其他人都说袜子是樱桃红色的。

　　道尔顿对这件小事没有轻易地放过，他经过认真地分析比较，发现他和弟弟的色觉与别人不同，原来自己和弟弟都没有区分红色和绿色的能力。道尔顿虽然不是生物学家和医学家，但他却成了第一个发现色盲症的人，也是第一个被发现的色盲症患者。他自身拥有一个科学家独特的视觉和头脑，不放弃细节，才使他能够发现新事物。为此他把发现结果写成文章，成为世界上第一个提出色盲问题的人。后来，人们为了纪念他，又把色盲症称为道尔顿症。

　　这就是基因具有独特性的一个代表性例子，道尔顿和他的弟弟是色盲症患者，而他的哥哥和母亲却不是。

　　同学们，是不是觉得基因很奇特呢？那就一起来开启基因的秘密吧！

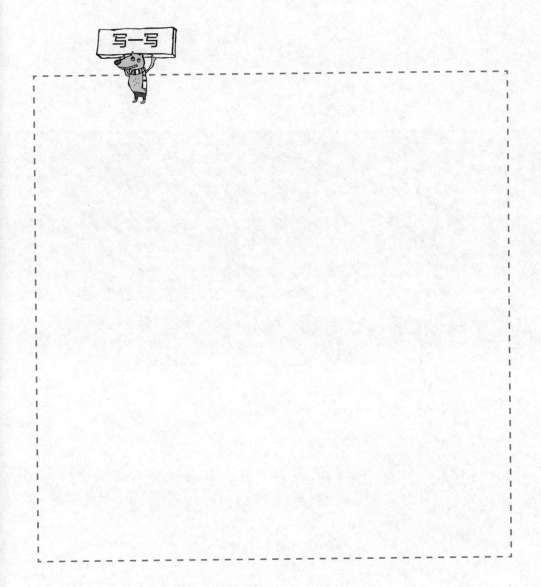

基因的
遗传密码

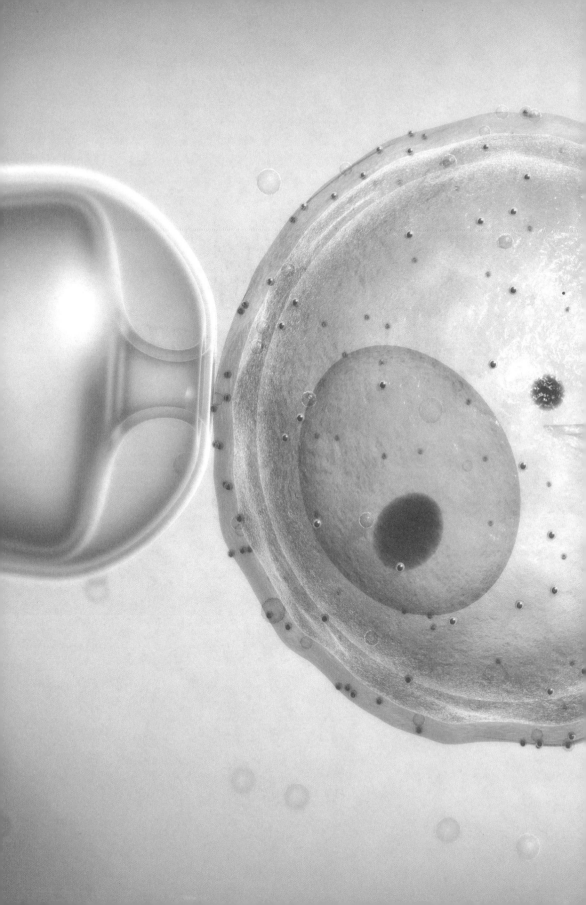

生命体有自身神奇的特征。我们研究一下自己和自己的父母，就会发现，有的父母身上的特征，会在我们身上得到体现，但体现得并不完全。这些生命的特征是怎样通过基因遗传密码体现的？又有什么特点呢？

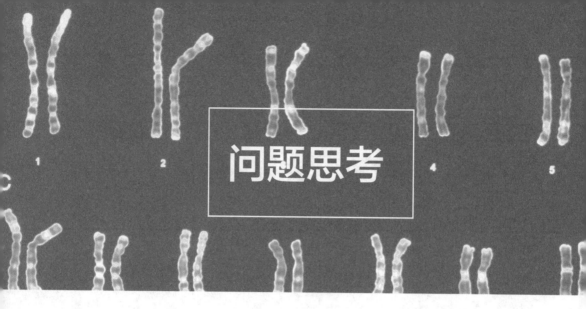

问题思考

世界上有没有两个一模一样的人？

父母的哪些特征会遗传给孩子？

改变一个人的 DNA 会怎么样？

为什么是古猿进化成人，而不是其他动物进化成人呢？

基因类的药物能治疗人类的某些疾病，那么，能不能用基因研究来挽回一些早已灭亡的动物或植物？

小提示

　　在阅读本章内容时，同学们可以先思考一下这些问题。这些问题在你读完本章后，是否能回答。如果读完本章后，你对这些问题还有兴趣的话，还可以上网查询相关知识。

学生：

院士您好，我有个疑问，有的双胞胎长得一模一样，分也分不清，但是有些双胞胎长得完全不一样，而且性格也是不同的。这是怎么回事儿？

贺林：

现在我们就来讨论这个问题。同学们，我先反问一个问题，看你们能不能回答。这个世界上绝没有两片一模一样的叶子，这个说法对吗？这句话你们先思考一下。

贺林：

同学们，我再问你们另一个问题，世界上有没有两个一模一样的人？

学生：

我觉得有，地球上有那么多人口，总能找到两个像的。

学生：

　　我觉得会有两个长得一样的人，因为现在可以使用克隆技术。

学生：

　　我觉得可以，我看到书上说有一种技术叫做基因改造，可以改造人，把两个人的基因改造成一样的就可以了。

学生：

　　我认为是有的，只不过是他们不在一个时间段，也不在一个空间里。或者他们在不同的时代出现过，但历史没法记录下来，所以没有被发现。

世界上有没有两个一模一样的人？

双胞胎的遗传秘密

刚才同学们七嘴八舌地讨论了一番，我觉得你们讲得非常好，都说了自己看法，也说了为什么要这样想。我这里先不说问题的答案，我先来说说人类的性别是由什么决定的。

我们人类属于 XY 型性别决定类，每个人的体细胞中包含 22 对常染色体和一对性染色体，男性的性染色体用 XY 表示，女性的性染色体用 XX 表示。

男性的性染色体用 XY 表示
（图片来源：富昱特）

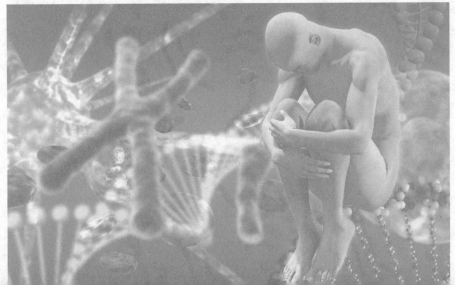

女性的性染色体用 XX 表示
（图片来源：富昱特）

　　Y 染色体的有无决定个体是男性或是女性。来自父亲的精子细胞内的染色体是 22 条常染色体和一条性染色体，可能是 22 条 +X 或是 22 条 +Y；来自母亲的卵子细胞内的染色体也是 22 条常染色体和一条性染色体，由于女性的性染色体都为 X，所以，母亲提供的染色体只可能是 22 条 +X。22 条常染色体都是一样的情况下，决定男女性别的染色体就是 X 和 Y。理论上，所生的男孩和女孩的比例是 XX∶XY 为 1∶1。同学们有没有看明白呢？生男孩还是生女孩其实是由我们爸爸的性染色体决定，而它的强弱性质又和环境相关。

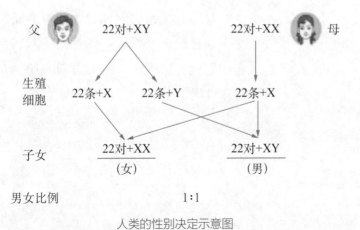

人类的性别决定示意图

人类 X 和 Y 染色体扫描电镜图片。每个染色体复制形成一个完全相同的副本或染色单体。受精过程中遗传的性染色体组合决定了一个人的性别。图为男性的 X 和 Y 染色体。
（图片来源：视觉中国）

双胞胎又是怎么回事呢？双胞胎并不神秘。先来看看下面这段资料，同学们就可以大致了解一下双胞胎的发育过程了。

人类是高级的哺乳动物，通过性行为繁育后代。我们都是从一个受精卵发育而来的。

精子和卵细胞
（图片来源：富昱特）

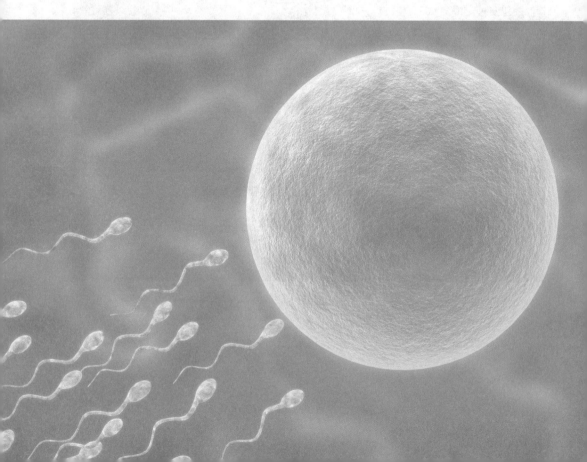

一般来说，一个受精卵发育成一个胎儿，但有时候也会有不同的情况。在受精后，一个受精卵发生分裂变为两个一样的受精卵，然后发育成两个个体。因为来源自同一个受精卵，所以我们把他们叫作同卵双胞胎。

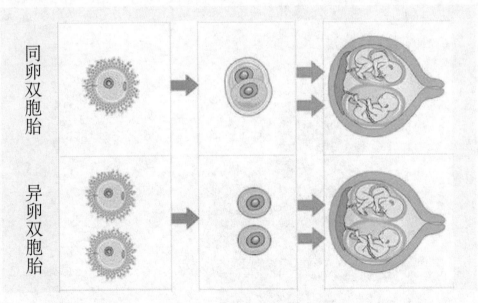

双胞胎发育过程示意图

这种同卵双胞胎的相似不仅表现在外貌上，而且他们的血型、智力，甚至某些生理特征，对疾病的易感性等都很一致。媒体上还时有报道的连体婴儿，实际上就是这种同卵双胞胎，只是由于当初受精卵分裂时的不完全造成了某些部位相连。

同卵双胞胎绝大部分是同性，一般不大可能出现一个是男孩一个是女孩的现象。但凡事都有例外，有可能在受精卵分离时，决定男性的染色体 Y 在分离时掉落，造成了 XY 和 X0 的情况。

外貌相似、性别一致的同卵双胞胎
（图片来源：富昱特）

受精卵的性染色体	XX	XY		
受精卵复制	XXXX	XXYY		
受精卵分裂	XX	XX	XY	X0（若一条 Y 掉落则为 X0）

一般来说，成年女性每月只会产生一个卵子，但有时因某种原因同时排出两个卵子，并同时受精，就产生了两个不同的受精卵。这两个受精卵各有自己的一套胎盘，相互间没有什么联系，叫作异卵双胞胎。在相貌方面，他们生出来就像普通的兄弟姐妹。龙凤胎绝大多数是异卵双胞胎，而不大可能是同卵双胞胎。

性别不同的异卵双胞胎
（图片来源：富昱特）

同学们都能在现实生活中找到这样的例子，同卵双胞胎兄弟或者姐妹长得很像，也许很难区分。那么他们为什么会有这种相似性？

现在，我们知道了同卵双胞胎是来自一个受精卵的，它分离之后产生了理论上一样的两个子代。他们会有许多非常相像的特质，例如身高、体重、智力、指纹和遗传疾病等等，但是不是长大之后他们还一定会一模一样呢？实际上，随着同卵双胞胎的长大，他们之间也会产生有差异的特征，比如外貌和性格上的一些差异，这都是有可能的。这种差异的原因来源于哪里呢？原因可能有如下几点：

1. 基因复制变异也称基因突变

细胞在基因复制的过程中，可能发生某些错误，导致 DNA 遗漏了某些基因或插入额外的基因片段，使得同卵双胞胎间产生差异。此外，基因变异还可能造成双胞胎其中之一罹患特殊的遗传疾病，例如贝威氏症。

2. DNA 甲基化

DNA 甲基化是指在 DNA 序列未改变的情况下，DNA 上部分含氮碱基

的氢原子 (H) 被甲基 (CH3) 取代，进而使基因功能的表现改变，由显性变成隐性，或由隐性变成显性。DNA 的甲基化程度受到饮食、生活习惯、压力等后天因素影响，它可以使得同卵双胞胎在生长的过程中，有愈来愈大的差异。不过，甲基化是可逆的，关键是要养成良好的生活习惯。

3. X 染色体不活化

一般男性细胞中有一条 X 染色体、一条 Y 染色体，而一条 X 染色体便已足够，因此，女性细胞中的两条 X 染色体之一是没有活性的，

此现象称为 X 染色体"失活"或"里昂化"。没有活性的 X 染色体称为"巴尔氏体"，正常细胞内的巴尔氏体数目为：X 染色体数目 –1，由于哪条 X 染色体为巴尔氏体是随机的，所以即使是含相同 DNA 的细胞，也能够表现出不同的性状，使得双胞胎女孩间可能存在着相当大的差异，原因就是 X 染色体随机失活。

4. 发育与成长环境不同

当受精卵分裂成两个胚胎并着床于胎盘的不同部位，环境就开始造成影响了。胎盘各个地方的输血状况及营养供应皆存在差异，导致胎儿器官的发育程度不同，同卵双胞胎即有差别。而出生后的成长环境会影响性格与价值观等，与各式各样的人相处，潜移默化之间，也会使人产生改变。

生活经验告诉我们，同卵双生的双胞胎即使再像，他们的父母也一定能把他们分辨出来，他们的兄弟姐妹，或者他们亲密的朋友也能把他们分辨出来，为什么？

秦畅：

　　世界上有没有完全一样的两个人？这位同学说，也许有那么两个人，一个在唐朝出现过，另一个在当代，只是我们没法让他们站在一起来比较。

海波：

　　贺院士，这有可能吗？

贺林：

　　这个可能性不能排除，当然从现在掌握的资料来看，这个可能性几乎不存在。

贺林：

　　为什么？

　　那么，同学们，回到我们开始提出的问题"世界上有没有两个一模一样的人"，现在你们再来思考一下你们的答案。

我们先来看同卵双胞胎。从我们前面的分析来看，他们的遗传物质在理论上是一模一样的，大家同意不同意？如果我们假定一模一样成立的话，那就意味着，他们的外貌看上去也应该一模一样，对不对？但是，再相似的双胞胎也会被他们的父母、朋友区分出来，这就说明他们不可能一模一样，对不对？这就是同卵双胞胎的差异了，这个差异是怎么产生的？在同样的遗传背景下导致了两个人有差异的存在，哪怕是极为微小的一个差异，但是它是存在的，为什么？谁能回答这个问题？

因为生出来的时候，他们的 DNA 都已经发生改变了，所以就算是同卵双生，他们也有可能会有不同的地方。

 学生

学生

他们可能一出生的时候很相似，但是在后天发育的过程中遗传物质发生了改变，而不是像刚才他说的那样，双胞胎在出生前基因已经遭到改变。

我觉得上面两个同学的回答都挺在理的，这个改变当然你们没有表达清楚，可能是什么样的改变呢？

贺林

人是一个封闭的开放系统
（图片来源：富昱特）

人是一个封闭的开放系统。

为什么这样说？相对来说，我们有自己的皮肤、肌肉，把我们包围起来。但是同时大家别忘了，这有个通道，皮肤是一种通道，它不是那么严密地包裹人体，它能遭到病毒、细菌的侵蚀感染。大家都听说过，各种病毒引起的疾病或者细菌引起的疾病。为什么这些会产生呢？这就告诉我们，人和外界之间会有交流过程，所以回到刚才前面的问题，在同卵双胞胎中，按照理论来说，应该绝对一模一样的，但存在着不一样，不一样的主要原因体现在后来的基因水平上进行的修饰，是什么样的修饰呢？

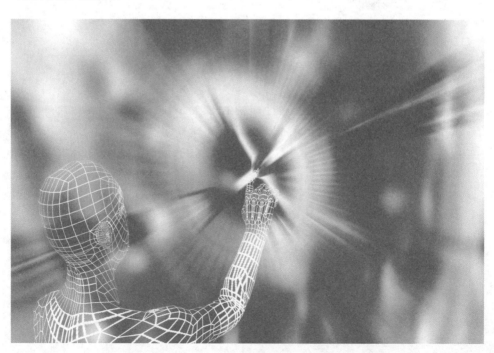

这里给同学们提供一些小知识和一些与基因有关的资料。感兴趣的同学，你们可以阅读相关资料，如果你们现有的知识结构还不能很好地理解，也不要紧，不着急，可以先在头脑中有这些概念，等你们知识逐渐丰富后，再来理解。

基因、染色体、细胞核之间的关系
（图片来源：视觉中国）

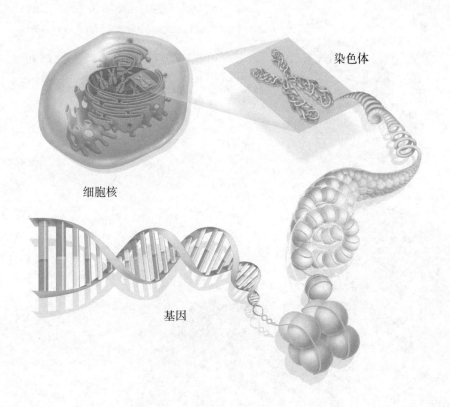

染色体

细胞核

基因

DNA 甲基化是 DNA 化学修饰的一种形式，能在不改变 DNA 序列的前提下，改变遗传表现、控制基因表达，这又称为"表观遗传"。

首先，我们来了解一下基因、DNA、染色体以及细胞核的关系。细胞核位于细胞的中心，我们所有的染色体都位于细胞核内，而一条染色体在细胞中是由高度螺旋的一条 DNA 组成的，而一个基因则是位于整条 DNA 链上的一段 DNA。

环境对基因进行了微小的改变，导致人体会出现各种不一样的表型，例如，同卵双胞胎的外貌或是性格的差异。他们的这些差异可能就是由于本来好好的一模一样的 DNA，受到外界环境的作用，对 DNA 进行了一些修饰。

一个最早发现的修饰作用就是"DNA甲基化"。DNA是一种有机物质，我们知道物质都是由化合物分子构成，DNA也是如此，甲基化就是一个甲基分子对组成DNA的一个H原子的替换作用，就像给它换了一个标签，生物学上称为修饰作用。

人的模样、性格等由基因决定特征，外加环境影响。所以生活在不同历史时期的两个人，即使我们假定他们出生时的基因是完全一致的，他们后天的成长环境也是完全不同的，最终不会有两个完全一模一样的人。

父母的哪些特征会遗传给孩子?

学生:

贺伯伯你好! 我想问父母的哪些特征会遗传给孩子?

贺林:

可以说父母的特征都可以传给孩子。

海波:

但是我们能看到的只是部分, 是吧?

贺林:

在某种意义上可以这么说, 但还有显性基因和隐性基因随机分配和组合的因素应加以考虑。

长相相似的母女，父母的特征理论上都可以遗传给子女。
（图片来源：富昱特）

同学们，我们来看一个有趣的例子，通过这个例子，大家可以体会一下显性基因和隐性基因在后代身上的表现。

这个宝宝是不是亲生的呢？

这幅图中，爸爸的头发是鬈的，妈妈的头发也是鬈的，为什么生出的小宝宝的头发是直的呢？这个时候，会不会有人怀疑这个宝宝不是爸爸妈妈生的呢？妈妈有可能会说，宝宝是捡来的。

这个宝宝是不是亲生的呢？

从基因学上来说，遗传分为两种：严格的显性遗传与较宽松的隐性遗传。精子和卵子的结合形成了受精卵，并把其自身所带的染色体基因遗传给了后代。那是不是爸爸眼睛小，宝宝眼睛也小呢？宝宝的外貌特征主要由显性的遗传基因起作用。比如，大眼睛相对小眼睛来说，就是显性遗传；长睫毛相对短睫毛来说，也是显性遗传；能卷舌相对不能卷舌来说，也是显性遗传。如果爸妈中有一方是大眼睛，那么宝宝有一双大眼睛的可能性会更大。如果爸妈中有一个的睫毛很长，那么宝宝也可能有长长的睫毛。当然我们所说的可能其实是指概率高低。

在基因座上存在着一对对的等位基因，你的某个性状是由这对等位基因共同决定的。在一个位点上，这个基因可以是显性的，也可以是隐性的，生物学上用大写字母表示显性，用小写字母表示隐性。例如下面这张遗传图，假如父母都是能够卷舌的，其基因型用 Dd 表示，这个表示的意思是，D 是显性的，d 是隐性的，即一个基因位点是显性，另一个是隐性。那么决定你能否卷舌是由显性基因 D 决定的。反过来，我们知道只要有 D（卷舌基因）存在，你的性状就表现为能够卷舌。来看下面这张卷舌基因遗传表现图，图上给出了后代可能出现的几种基因型，分别是 1/4DD，1/2Dd，1/4dd，而前两种基因型的性状表现都是能够卷舌的，只有全部为隐性基因时才是不能卷舌的。前提说明白哦，我们每个人都只能随机地得到一种基因型，只是得到哪种基因的概率不同而已。

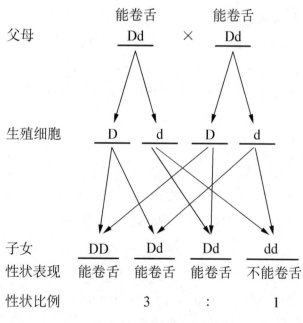

卷舌基因遗传表现图

综上所述，从生物学来看，后代的外貌特征是由决定这一特征的显性基因来决定的。显性基因在男女基因的分布上是随机的，因此，宝宝长得更像爸爸还是更像妈妈也是属于随机的。从眼睛、鼻子到嘴巴、下巴等外部特征，宝宝随机从爸爸妈妈那里遗传继承各身体要素的遗传因子。从爸爸或妈妈所得到的遗传因子，影响作用是一样的。至于你是更像爸爸还是更像妈妈，则要看是爸爸还是妈妈谁的显性基因的力量更强了。

一家四口的照片，子女长得像爸爸还是像妈妈是随机的
（图片来源：富昱特）

如果改变了一个人的DNA会有什么事情发生?

如果改变了一个人的 DNA 会有什么事情发生?

学生

要改变一个人的DNA，其实就是让这个人脱胎换骨，这个是难上加难的。就目前的技术而言还做不到。

贺林

这个问题很好。

基因编辑技术是指人为地改变、编辑基因,通过对特定DNA片段进行敲除、加入等,实现"关闭"某些基因或增加特定的基因的目的。科学家开发了名为CRISPR-Cas9(常间回文重复序列丛集或常间回文重复序列丛集关联蛋白系统,简称CRISPR)的新型基因编辑技术。它可以驾驭细菌的免疫系统、截断甚至破坏单个基因,然后在它们的相应位点上插入新的基因。

但是可以改变部分 DNA,人为地捣毁一些基因,或者插入一些基因,这个是可能的。最近有个新的名词叫"基因编辑",听说过没有?它就像剪刀一样随意地编辑基因,特别是在受精卵那个阶段,在最原始阶段,如果把它重新编辑的话,出来的人跟原来的人就会不一样。但你要把受精卵整个的基因组替换掉,就不是那么容易的事情,这种做法也违反了伦理,一般不提倡去做。

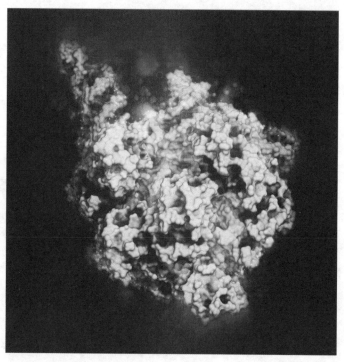

CRISPR-Cas9 基因编辑
(图片来源:视觉中国)

前段时间网上有个新闻很受热议，意大利一个医生提出了要做世界上首例"换头手术"，这个想法很惊悚。新闻报道一出来，国内很多媒体都相继转播，新闻的内容是这样的：

俄罗斯人瓦列里·斯比利多诺夫（Valery Spiridonov）是一位程序员，他患有一种被称为"沃尼克—霍夫曼症"的脊髓肌肉萎缩疾病。这种遗传性疾病使他一直被困在轮椅上。

意大利的神经外科医生塞尔吉奥·卡纳韦罗（Sergio Canavero）一直希望能进行世界上第一例人类换头手术。卡纳韦罗和他的同事们相信，他们或许在 2017 年就能进行第一次人类头部移植手术。他们计划用电脉冲刺激刚死亡不久的尸体的神经系统，来验证将某个人头部的脊髓部分连接到另一个人身体上的可能性。渴望站立起来的斯比利多诺夫自愿接受这样的换头术。

卡纳韦罗医生宣称要进行换头手术后，引起了科学家们的深切关注。许多医生加入了相关的实验，在狗、猴子等动物身上进行了实验，其中中国医生任晓平也加入了其中。但能否在人身上进行换头手术，科学家们认为还需要等待时间。而在人身上进行换头手术，无疑还需要伦理上的考虑。

摘自 2016 年 9 月 22 日
新浪科技 作者：任天

我们怎么来看这则新闻呢？假如这个事情是真实的，新闻里说的这个俄罗斯人，他的整个身体状况非常不好，他得的这个病，是种遗传病，即自身基因出了问题。手术和药物都没法治疗了，所以他干脆孤注一掷，把自己的头换到一个好点的躯体上。当然，这还不是从 DNA 上进行改变，但这样的"换头术"已经不是像换肝换肾那样单纯了，他的神经和意识是要去支配另一具躯体。一个意大利的医生还有一个团队来替他做这个手术。从目前的报道来看，科学家们已经在动物身上做了很多实验，但成功率非常低。这个手术的成功率我觉得目前来说可能很低很低。但是今后，随着实验数据的积累，在动物身上做的实验越来越多，以后成功率就不一定等于零了。就像最初的肝肾器官移植一样，可能会成功。一旦成功，那么必然面临极大的伦理上的挑战。

最新的报道称这位俄罗斯人已放弃了这次换头术，那么换头术以后会不会发生呢？这还真是说不清楚。

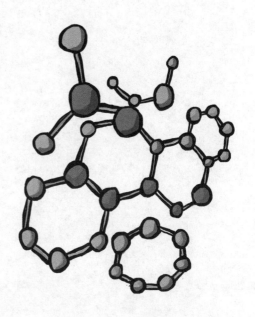

能不能通过改变基因让普通人成为超人？

学生：
　　请问贺伯伯，可以通过改变基因使人能够像电影里的超级英雄一样无所不能吗？

海波：
　　能不能通过改变基因让普通人成为超人？

贺林：
　　理论上是可以的。

　　假如，我们可以改变DNA的话，是不是我们也可以造出超人来呢？

大家不知道注意过没有？现在，辅助生殖技术发展越来越快。你们如果有机会去辅助生殖医院看看的话，会发现去这些医院求助的人非常多。我偶然间去过几次，我想从医院的大门口走到电梯的位置，结果走不通，为什么？人太多了，多到水泄不通。这么多的人到这类医院来求医，很难想象吧！

因为好多人靠自己的能力生育不出孩子，没有办法，他只能来这类医院，寻求可以进行体外受精的卵子或精子，这不是自然状态下的受精卵，而是通过试管婴儿选择。所以这么来看，我们如果借助试管婴儿的方法人为进行选择，选择一个漂亮女士的卵子，一个聪明男士的精子，这样生出来的孩子不就是有可能又漂亮又聪明吗？以此类推，当然有可能培育出超人，但很可能会遇上伦理学上的阻碍。

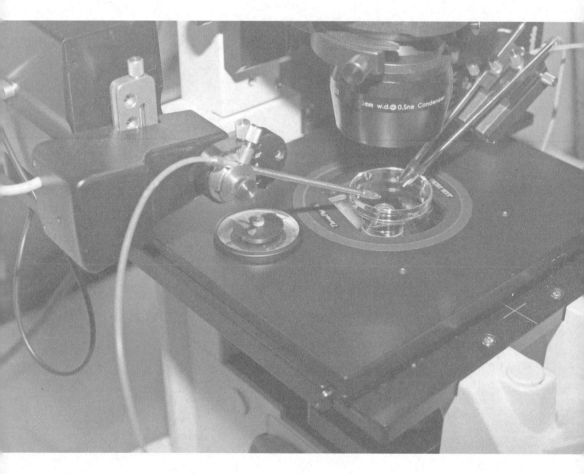

光学显微镜，用于操作试管婴儿。
（图片来源：视觉中国）

辅助生殖技术
辅助生殖技术是指采用医疗辅助手段使不孕妇女妊娠的技术，包括人工授精和体外受精—胚胎移植及其衍生技术两大类，试管婴儿（IVF，In Vitro Fertilization）就是使用体外受精—胚胎移植方法生育的婴儿。

天才会不会越来越多？

学生：

我想问如果基因可以改变，是不是说，随着遗传学的研究，天才会越来越多？

贺林：

人们为什么要做遗传学研究，就是希望能改变人类，希望把人类变得越来越优秀。但是有一个问题要考虑，大家知道天才的含义是什么？

改造基因会不会出现越来越多的天才？在回答这个问题之前，我想先问问同学们对天才的认识。

天才是 99% 的汗水加上 1% 的天分。

努力有用的话，那还要天才做什么！

天才应该是生下来智商较高的人。

我认为天才就是一点就通的那种人。

天生的蠢材也可以叫天才。

我觉得天才是在某一方面接受能力很强，对这一方面很擅长的人。

刚才同学们七嘴八舌表达了自己的看法。有几个同学说了，天才是生下来就具有高智商的人。这里智商、智慧几乎等同用法，只是表述方法不一样而已。为什么我要提出这个问题，主要是我想强调，天才是天生的，靠培养是很难培养出来的，大家知道梵高吧？一般人都会认为梵高是艺术天才，他这样的艺术成就并不是只靠努力就能达到的。

梵高像

（图片来源：视觉中国）

梵高（van Gogh）是一位深深影响当代绘画艺术的画家。他用浓烈的色彩和充满力量的表达手法创造了他独特的个人画风。他也被视为野兽派和表现主义的先驱。梵高短暂的一生留下了大量的作品。他是一位天才画家，但他并不是从小就接受了绘画的系统训练，而是差不多到了二十七八岁才开始作画。他最为世人熟知的作品大多是在他去世前两年创作的。

　　现在大量考证梵高生平的文章认为，梵高在生命后期深受精神疾病的困扰，这位追求灵魂创作的画家，这位用画笔表现生命、表现狂野力量的

画家最终用自杀结束了自己的生命。

在普通人眼中，梵高的生活一片混乱，尤其是在他生命的最后两年，他精神错乱，常人难以理解。他的现实生活是灰色的，暴戾的。他自残，行为怪异，然而他的作品又是如此地明艳、亮丽、充满生命感。这样的巨大反差，让人们对这位天才画家充满好奇和揣测。

1890 年 7 月，梵高完成最后一幅油画《麦田上的鸦群》，此幅作品收藏于阿姆斯特丹的梵高博物馆。

麦田上的鸦群
（图片来源：视觉中国）

我觉得应该是他的大脑里面某一个地方与普通人有一种不一样的地方，更发达一点。

学生

我们的身体会生病、会感冒，这些是大家都熟悉的病症，而我们的精神同样会生病。刚才有个同学说了，梵高这样的天才会不会是脑子出了问题呢？实际上确实有一些人，他们的精神有疾病，但他们的机体功能是正常的，对他们来说，健康的身体和有疾病的精神共存，在他们的身上，形成了共存的一个关系。虽然他们有精神疾病，但同时他们能做出别人做不了的事情。所以天才，靠培养能培养出来吗？

有一部很有名的电影《美丽心灵》（*A Beautiful Mind*），讲述的是一个真实的天才，经济学家、数学家约翰·纳什的故事。纳什从小内向而孤僻，他的老师认为他是个智力低于平均水平的学生，他的非常规解题方法也并不被老师理解。

诺贝尔经济学奖获得者，《美丽心灵》主角原型——约翰·纳什。

（图片来源：视觉中国）

学生：

他应该是有某种精神疾病，他夫人给他的药片是用来压制这种精神疾病使他不至于发作的。

贺林：

那么他不吃又说明了什么？

在大学时期，他在数学上的天才逐渐展现，年仅 22 岁，他就在他那篇不长的博士论文中提出了重要的概念，后来被称为"纳什均衡"的博弈理论。

然而，这位天才数学家的行为却越来越古怪。他会穿着婴儿服装出现在新年晚会上，有时候长发披肩，出现幻听幻觉，这是一种非常严重的精神分裂症的表现。他的同事难以接受他的行为，他的妻子甚至绝望地跟他离婚了。尽管离婚了，但是他的妻子并没有放弃他，仍然坚持照料他。她认为，只要在一个宽松的环境里，一个行为古怪的人也还是能被周围的人接受，毕竟，有时候疯子就是天才。

如果大家看了《美丽心灵》这部电影，就会知道里面有一个情节，纳什的夫人每天给他药片，结果他把药片全放到抽屉里了，到最后把抽屉打开的时候，他夫人一看，满满一抽屉的药片。这是为什么？你们想过没有？

我认为，天才的某部分思维是疯狂的。他如果吃了这个药，他的全部思维都给压制住了，他没办法再产生疯狂的思维了，他的创造性又怎么能表现出来呢？他拿诺贝尔奖的可能性就等于零了。这时候，他把药片全扔在一边，宁肯在精神病发作的时候，激情满怀地投入数学思考中。所以从这个角度看这个事的话，精神疾病和天才可能就只有一纸之隔。

　　那么我们讨论这么多，回到前面那个问题，天才是可以通过基因改造得到吗？

聚焦观点

　　同学们，在本章的论述中，我们谈到一个很重要的问题。人类之所以进行基因研究，当然是希望科学为人类本身的进步服务，我们也在基因方面取得了很多进步，甚至可以在技术上对基因进行修改。那么，人类是否可以用技术来改变呢？就像我们很多科幻电影里描述的那样，通过基因改造出超人，通过基因创造一个完美的人？如果这样做了，会带来什么后果呢？同学们不妨思考一下这样的问题，将你们的想法写下来。

写一写

可以通过基因创造一个完美的人吗?

基因能否与
宇宙对话

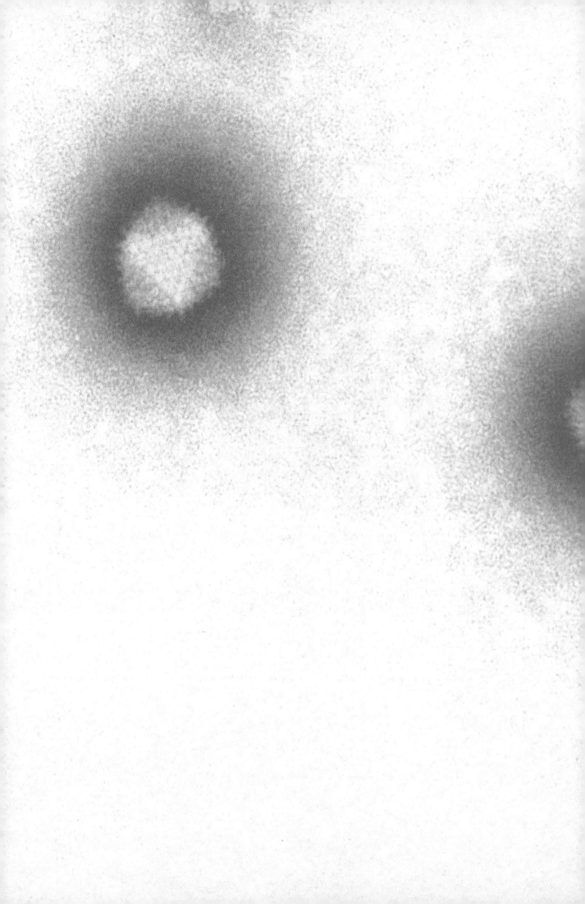

我们是地球的一分子，我们同样是宇宙的一分子，我们在这个地球上是和宇宙融为一体的。我们人体处在这个封闭的开放系统不断地与周围环境进行交流，这就构成了基因与宇宙的交流。

问题思考

1. 血型和遗传基因的关系是什么?

2. 该怎么处理基因的改造和生物多样性的关系?

3. 食用转基因食物会不会对人类有影响?

小提示

有很多问题，并没有明确的答案，甚至也不能讨论出所以然来。然而这样一些问题，我们都会去想、去问，那么索性就让我们天马行空来想一想吧。

学生：

我有一个问题，我们小孩子的血型一定是跟父母一样的吗？假如父母血型普通，但子女血型特殊，有可能吗？

贺林：

血型的形成有它的规律性，不知你所指的特殊是何含义？有些血型非常稀有，譬如，有的人是一类嵌合体，不知大家听说过没有？这类人的细胞里的染色体会有两种不同的组合，因此可能会出现特殊血型，但在绝大多数情况下，血型的形成的规律是很强的。

血型和遗传基因的关系

人的血型是什么？同学们可能经常听到这样的说法，"我爸爸是 A 型血，我妈妈是 B 型血，所以我是……"，"O 型血是万能输血者"，这些说法从何而来，又为什么会这样讲呢？我们就要先说说血型的定义。

一个人的血型是由这个人的红细胞表面存在着哪种血型的抗原物质而决定的。在 ABO 血型系统中，红细胞上只含 A 抗原的称 A 型，含有 B 抗原的称 B 型，既有 A 抗原又有 B 抗原的称为 AB 型，既没有 A 抗原也没有 B 抗原的则称为 O 型。这是我们现在常用的血型定义。

血型和基因的关系是什么呢？红细胞膜上的抗原物质均是由我们的基因决定的，我们常说的 ABO 血型受 ABO 三种基因控制，A 基因控制 A 抗原产生，B 基因控制 B 抗原产生，O 基因控制不产生 A 和 B 两种抗原。

血型基因对血型抗原产生的关系是单一的，即肯定存在着与抗原有关的某一基因。这意味着如果一个人存在 A 基因，则可肯定这个人身体的红细胞表面存在 A 抗原。子女的血型必然和父母的基因相关，而基因都是成对存在，控制 ABO 血型的基因可有六种不同组合，即 AA，AO，BB，BO，AB，OO，而每个人只有其中一对。

父母子女血型遗传对照表

父母血型	子女有可能的血型	子女不可能的血型
O+O	O	A、AB、B
O+A	A、O	AB、B
O+B	B、O	A、AB
O+AB	A、B	O、AB
A+A	A、O	AB、B
A+B	A、B、AB、O	
A+AB	AB、B、A	O
B+B	B、O	A、AB
B+AB	B、A、AB	O
AB+AB	AB、A、B	O

在医学和遗传学上，常利用父母的血型来推断子女血型，如父母双方均为O型，其子女必为O型血而不可能出现别的血型。又如父母一方为O型，另一方为B型，其子女可为B型或O型。但有时就难以判断，例如父母中一方为A型，另一方为B型，子女中就可以出现四种血型中任何一种类型。碰上这种情况就要借助别的血型和技术综合鉴别。

人类的血型除了 ABO 血型外，还有其他各种血型，如 Rh、MN 及 Xg 等多种血型。人类的各种血型，都是由不同染色体的基因所决定的，现在已知决定 ABO 血型的基因在第九对染色体上，而决定 Rh 血型的基因则在第一对染色体上。Rh 血型是人类的另一种血型，Rh 血型可以分为两种，即 Rh 阳性和 Rh 阴性，它们分别由两个等位基因所决定。Rh 阳性的基因显性，用 Rh 或 D 表示；Rh 阴性的基因是隐性，用 rh 或 d 表示。Rh 阳性个体在中国人中约占 99% 以上，而在白种人中只占约 85%；Rh 阴性个体在中国人中只占约 1% 左右，而在白种人中约占 15% 左右。因而白种人由胎母 Rh 血型的不亲和而引起的新生儿溶血症要比中国人高。Rh 血型的发现在临床上有很大的意义，它一方面使输血技术更臻完善，另一方面它有助于医生对由于 Rh 抗原－抗体反应所引起的新生儿溶血症的诊断。

稀少血型

（图片来源：视觉中国）

基因的改造和生物多样性的关系

学生：
　　我想问，有没有研制出新的关于基因类的药物来治疗人类的某些疾病？能不能用基因技术来挽回一些很早已经灭亡的动物或植物？

学生：
　　我想请问动物的DNA能移植到人类身上吗？

　　从同学们的问题中，可以看出，大家对基因的知识多多少少有所了解，对当前社会上的热点话题相当关注。在回答这些问题前，或者说，在同学们就这些问题展开讨论之前，我们先来看两段很有意思的新闻报道。

　　在网络上有一段关于科学家克雷格·文特尔的报道。

　　"基因魔鬼"的造人运动

　　2008 年初，美国《科学》杂志网络版上刊出一篇论文，克雷格·文特尔研究院的科学家们不仅能够为基因组排序，还能"设计"并且建造基因组。这就是说，他们有可能"合成"出生命！

克雷格·文特尔是谁？有人称克雷格·文特尔为"基因魔鬼"，因为他在基因的科学研究上表现得大胆而疯狂，并且在基因排序这一课题领域突飞猛进，取得让世界刮目相看的成绩。

在1990年代中期，文特尔和他的团队完成了对能引起脑膜炎的流感嗜血杆菌的基因组排序，这是人类第一次对有机体的基因进行完整的排序。

2000年，文特尔赶在多国科学家小组之前，完成了人类的基因组排序。他在此前曾大胆预测，借助超级计算机，以及使用他的基因组测序法，他和他的团队能比多国科学家团队更快、更廉价

科学家克雷格·文特尔
（图片来源：视觉中国）

地完成人类基因组排序。

2007 年 9 月，文特尔博士在学术期刊上发布了自己的完整基因图谱，成为有史以来第一位公开基因图谱的个人。在这张图谱上，他甚至注明了那些造成他各种遗传性疾病或者生理特征的基因，譬如老年痴呆、冠状动脉硬化、肥胖症、酗酒、不合群等等，当然也有他引以为傲的蓝眼睛基因。

文特尔的疯狂远不止如此，他有更疯狂的举动和梦想——合成生命！

科学研究告诉我们，任何物种的 DNA 都由四种基本的核苷酸组成，这是生命的最基本代码。用这最基本的生命代码，文特尔博士和他的团队组装出了一种全新的单细胞生物的基因组。只要把这个基因组放入一个细胞中，一个新物种就将会诞生。2010 年 5 月 20 日，文特尔博士在美国《科学》（*Science*）杂志上报告了首例人造生命（细胞）的诞生。这是一个山羊支原体（Mycoplasma Capricolum）细胞，但细胞中的遗传物质却是依照另一个特种即蕈状支原体 (Mycoplasma Mycoides) 的基因组人工合成而来，产生的人造细胞表现出的是后者的生命特性。这是地球上第一个由人类制造并能够自我复制的新物。文特尔博士的团队将这一人造细胞称作"Synthia"（意为：合成体）。

回顾文特尔团队制造人造细胞的研究历程，这项工作早在 1995 年就开始了。2007 年，文特尔团队就已经掌握了在这两种支原体中进行基因组转移的技术，只不过当时的操作对象是蕈状支原体内的天然 DNA。

2008 年 2 月，文特尔团队又成功地合成了另一种原核生物——生殖支原体（Mycoplasma Genitalium）的基因组 DNA。今天举世瞩目的人造细胞"Synthia"就是将以上两种技术合而为一的结果。

支原体是目前发现的最小、最简单的具有自我繁殖能力的细胞，其基因组也是原核生物中最小的，因此便于操作。尽管文特尔团队已经能够合成生殖支原体的基因组，但由于生殖支原体成长极其缓慢，因此研究者选择了生长较快的蕈状支原体和山羊支原体作为实验对象。

合成生命，合成能够造福人类和有商业前景的新物种，创造出多细胞、具有运动和自我意识，甚至有一张脸的生物，就像那些出现在科幻电影里令人恐怖的生物，这也许的确是可能的。但是人造生命一旦失控，本已脆弱不堪的生

态环境必然会受到极大的威胁，就像我
们在科幻小说、电影中看到的场景，地
球生命也许会面临严峻的考验。

部分摘自《环球人物》（2008-03-
16 第 6 期，有删改）

来源：http://www.chinadaily.com.cn/
hqzx/ 2008-04/09/content_6603515.html

还有一则报道讲的是转基因羊。

转基因羊的诞生

1998 年初，上海医学遗传研究所报道：中国科学家已经获得 5 只转基因山羊。其中一只奶山羊的乳汁中，含有堪称血友病人救星的药物蛋白——有活性的人凝血九因子。

这是由中国工程院院士曾溢涛教授为首的科学家们经过艰辛探索获得的重大成果，使人类用高新技术建造"动物药厂"的梦想出现了曙光。

"转基因"，顾名思义，就是基因转移，一般指的是把一个生物体的基因转移到另一个生物体内。转基因动物是用实验的方法，有目的地把外源基因（包括人的基因）导入动物体内。外源基因与动物本身基因整合后，它就能随着动物细胞的分裂而增殖，并稳定地转给后代。

培育转基因动物的设想始于 19 世纪 70 年代。当时，基因药物已经发展起来，但成本太高。于是科学家大胆设想：如将所需要基因转入产乳量高的牛、羊等家畜体内，从动物的乳汁中获取、提炼珍贵的蛋白质药物，成本一定会大大降低。

不过，转基因动物的数量还是极为有限的。自 1982 年第一只转基因动物（小老鼠）诞生以来的十几年间，转基因动物的批量繁殖仍未实现。1989 年至 1996 年间，用"显微注射受精卵移植胚胎"的受孕率都很低，英国罗斯林研究所从 2877 只羊中才获得 56 只转基因羊。上海医学遗传研究所从 119 只羊中获得 5 只转基因羊。

青少年朋友可能会问：克隆羊和转基因羊有什么不同呢？简单地说，克隆羊使用的是不受精的卵细胞，转基因羊用的是受精胚胎。前者突破了有性繁殖的框架，后者仍然是靠两性繁殖所得到的卵细胞；前者是"复制"原动物体，后者是动物体获得外源基因并把它遗传给后代……从经济实用的角度说，转基因羊的价值大得多，起码在可预见的将来，这种状况是不会改变的。

摘自 http://www.bjkp.gov.cn/zhuanti/old_bjkp/gkjqy/smkx/k0128-01.html

克隆技术
克隆在广义上是指利用生物技术由无性生殖产生与原个体有完全相同基因组的后代的过程，克隆一个生物体意味着创造一个与原先的生物体具有完全一样的遗传信息的新生物体。绵羊"多利"就是通过这种方法培育而成的。

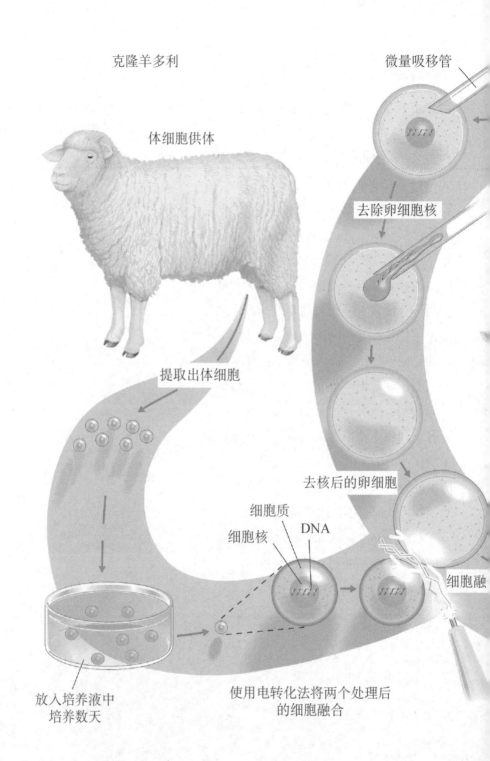

克隆羊多利

微量吸移管

体细胞供体

去除卵细胞核

提取出体细胞

去核后的卵细胞

细胞质

细胞核

DNA

细胞融

放入培养液中
培养数天

使用电转化法将两个处理后
的细胞融合

细胞质
细胞核
DNA
提取
卵细胞
卵细胞
卵细胞供体
第一只克隆羊
多利
代孕羊
胚胎植入
胚胎
细胞分裂
融合后的细胞是一个包含了
体细胞核的卵细胞

克隆羊多利的产生
（图片来源：视觉中国）

最近的基因研究的确非常火热，就目前的情况来看，基因的研究主要集中在遗传病或者肿瘤相关的疾病。在检测上，真正要做到生物药物，这还有一定的距离。

　　至于基因技术能不能挽回一些已经灭绝了的动物的种类，这也是科学家们在努力做的事情。大家都知道恐龙，恐龙早就灭绝了，所以人们希望在恐龙蛋化石里提出它的 DNA，把它再恢复出来，但这个事情非常困难，目前，还没有听说把灭绝的生物再带回世界来的例子。但是，同学们看了第一则新闻报道，克雷格·文特尔在做一个什么事情？他就是借助超级计算机来设计出一个生物体，然后把它人工地制造出来。这个在实验室已经在做了，在将来，是不是能用基因技术把灭绝的生物再带回来，这个谁知道呢？谁又能肯定地回答能还是不

能呢？

动物的基因能不能转移到人身上？首先我们反过来看，人的DNA已经移植到动物身上。同学们，你们看第二则报道，讲的是上海的曾溢涛院士主持的一个研究项目，这个项目是研究借助转基因动物生产人类稀缺的药用蛋白质。以防治A型血友病的凝血因子Ⅷ为例，如果从血浆中提取，需要120万升血浆得由1200万人次捐血才行，但如果把这样的抗血友病基因转移到羊或牛的乳腺里面，从这样的牛奶或羊奶中提取药用蛋白，只需要饲养转基因牛或羊，就能从它们的乳汁里获得稳定的药用蛋白了。

食用转基因
食物会不会
对人类有影响

> 我想问一个问题，食用转基因食物会不会对人类有影响呢？

 学生

这是社会上非常流行和非常关注的问题，现在你问起来了。这个问题争议非常大，为什么人们会有担忧呢？来听听同学们与贺林院士的对话吧。

学生：

  它的本来的基因是安全的，一旦转基因，这种转过来的基因不能确定它的安全性，所以人们才不喜欢转基因食品甚至厌恶转基因食品。

贺林：

  有一个要点你们如果想到的话会更好。那就是什么样的人更担心转基因食物呢？我们为什么要转基因？目的之一是希望提高产量。怎样解决这个问题呢？方法之一是借助外来基因的帮助，植物抗病基因就是其中的一种，增加抗病性使得植物最终获得更高的产量。那么这样一来，人们可能又会提出疑问，虽然它的产量提高了，但是它本身的蛋白成分因为外源基因是不是也发生改变了呢？这样一种改变，对人体是否有害呢？比如，这种带有外源基因的植物被人食用后，会不会在人的身体里出现一些我们不希望发生的变化呢？这种担忧是完全可以理解的。

前面我们提到过，任何物种的DNA都是由四种基本的核苷酸组成的，这是最基本的生命代码。可以这么说，我们千变万化的物种，其实是由这四种碱基以不同的排序方式构成的。我们从这个角度来讲，是不是可以认为万物本是一家人呢？

我们可以想象，这四种碱基的排列组合，就好像家人串门一样。它们串来串去，其间有着不同序列组合的发生。这也可以说明，为什么转基因会出现，为什么植物的基因可以整合到人类的基因里去，而人类的基因可以出现到其他动物身体里。

我们前面提到转基因植物是否有危害性，危害性有多大，这其实是个未知数。到目前为止，转基因植物到底会带来哪种危害，在科学上并不能给出定论。转基因技术迅猛发展，许多方面的研究并没有做得足够详尽，也没有积累足够的数据信息来证明某些说法。现有的食用转基因食物的动物实验也好，或者从已经用于人体情况来看，还很难得出得出它带来的负面作用到底是什么的结论。

我们在这里只能建议：在同学们这个年龄，在身体的生长发育还没有完全完成的时期，对于转基因食物，可以考虑暂时回避。

聚焦争论

我们是地球的一分子，我们同样也是宇宙的一分子，生存在这个地球上的我们和我们的基因是和宇宙融为一体的。我们人体是个封闭的开放体系，我们不断地与周围环境进行交流，相互间在不断地影响着。

今天，我们在这里谈论了很多问题，这些问题许多没有答案。在科学上，有些问题本来就是一个假说，就是一场没有定论的争论，这就是科学的魅力！

贺林主编《解码生命》，由科学出版社 2000 年 4 月出版。

同学们,你们学习了基因的知识,有没有自己好奇的问题,有没有自己想要了解的前沿知识,在下面的方框里,写下你的思考吧!

写在后面

亲爱的同学，很高兴通过这套"与中国院士对话"丛书与你相见！

这套书来自上海广播电台"海上畅谈"节目。作为一档主张"开听有益"的节目，"海上畅谈"在每天节目中，都会深度解析一个有意思的现象、观点或者故事，更举行了很多有趣烧脑的活动——"小学生对话中国院士"就是带给所有人最多意外和惊喜的一个系列。

其实主持人秦畅、海波的初衷，只是尝试让中国最顶尖的科学家和最天真烂漫的孩子进行一次面对面的"交锋"，看看这两个年龄、阅历、知识储备相差极大的群体，以完全自然、直接的方式展开"平等对话"的时候，会出现怎样的情形。所以这9场活动，绝没有任何预演，也没有预设框架、限定提问范围。

你想得到吗？这样的设计，让小学生们热情爆棚，而院士们——很紧张！

除了紧张，00后、10后小学生们的自信、见识，让院士们惊讶；孩子们面对院士，那种对问题锲而不舍的精神，以及据理力争的求知状态，让院士们深感欣慰。

当院士们回忆起自己的童年故事，引得孩子们一片惊呼、大笑的时候；当院士们弯腰侧耳，仔细倾听孩子们的童真提问时；当院士们看着孩子们的眼睛，坦率地回答"我不知道"的时候……我们真的有些感动。

正是这份惊喜和感动，促使我们花了一年多的时间，费了很多力气，几乎是多次回到起点，才编撰了这套丛书。我们保留了部分院士和学生的对话实录，补充了现场没能来得及具体展开的专业名词解析，设计了一些互动游戏，也尽可能把每个相关行业目前国际上最前沿的信息和数据纳入其中。我们希望，这本书不仅能说明白一些科学知识，更能反映中国目前科学研究领域的现状；不仅能牵着你的手，和一起走入一座座科学探索的城堡，更能给你一副发现科学的"望远镜"。

如果看了这套书，你也像现场的学生一样，头脑里冒出很多很多的问题，那么欢迎你来大胆提问！

提问方式：

1. 下载手机 APP 阿基米德，进入"海上畅谈"社区。在这里，你不仅可以点播、收听、下载所有节目，还可以在社区里随时提问！

2. 搜索百度百家号："小学生大战中国院士"。这里把"小学生对话中国院士"系列活动的所有照片、文字、问题集锦、幕后花絮统统一网打尽，欢迎你，加入挑战中国院士的行列！

收听指南：

"海上畅谈"每周一到周五，在上海广播两大频率同步推送：20:00-21:00 上海新闻广播（FM93.4）；12:00-13:00 东广新闻台（FM90.9）。

丛书编写组

扫码进入：现场重现
（对话贺林院士现场声频和视频）